EAU MINÉRALE D'ALET.

(CONVALESCENCES, DYSPEPSIES, MIGRAINES, CHLOROSE, DÉBILITÉ
GÉNÉRALE, ÉTAT NERVEUX.)

ANALYSE

DES OBSERVATIONS THÉORIQUES ET PRATIQUES

FAITES SUR L'EMPLOI DE CETTE EAU,

SUIVIE

des appréciations de la **Gazette des hôpitaux**, de la
France médicale, de l'**Abeille médicale**,
et de la **Revue des sciences,**

par **M. le Dr A. Portalier.**

PARIS,

A L'ADMINISTRATION CENTRALE DE L'EAU D'ALET,
37, rue Neuve-des-Bons-Enfants.
1860.

DÉPOTS.

A PARIS:

A L'ADMINISTRATION CENTRALE, 37, rue Neuve-des-Bons-Enfants.

A TOUS LES DÉPOTS D'EAUX MINÉRALES.

DANS LES PRINCIPALES PHARMACIES DE LA CAPITALE.

DANS LES DÉPARTEMENTS :
AUX PRINCIPALES PHARMACIES, ET NOTAMMENT :

AIN, *Bourg,* M. Bichel.

AISNE, *Laon,* M. Dussaussoy ; *Saint-Quentin,* M. Lecocq ; *Soissons,* M. Lefèvre ; *Vervins,* M. Brucelle.

ALLIER, *Moulins,* M. Mérié ; *Montluçon,* M. Meillet.

ARDÈCHE, *Privas,* M. Rioufol ; *Tournon,* M. Armandy.

ARDENNES, *Mézières,* M. Peltier ; *Réthel,* M. Jacquemart ; *Sidan,* M. Dehan.

ARIÉGE, *Foix,* M. Joly.

AUBE, *Troyes,* M. Delaunay ; *Bar sur-Seine,* M. Royer ; *Nogent-sur-Seine,* M. Dautresme.

AVEYRON, *Rodez,* M. Artus ; *Vitlefranche,* M Fabre.

BASSES-ALPES, *Digne,* M. Avril ; *Forcalquier,* M. Besson.

BOUCHES DU-RHONE, *Marseille,* M Ravel, rue des Minimes, 10 ; *Aix,* M. Michel ; *Arles,* M. Ollivier.

CALVADOS, *Caen,* M. Le Blondel ; *Bayeux,* M Andrieux ; *Pont-Lévêque,* M. Mathieu ; *Vire,* M. Vaussy.

CANTAL, *Aurillac,* M. Caffard ; *Saint-Flour,* M. Clavalera.

CHARENTE, *Angoulême,* M. Laroche ; *Cognac,* M. Chevalier ; *Ruffec,* M. Delile.

CHARENTE-INFÉRIEURE, *La Rochelle,* M. Marquet ; *Jonzac,* M. Pons ; *Rochefort,* M. Sarlat ; *Saintes,* M. Barbot ; *Saint-Jean-d'Angély,* M. Soullet.

CHER, *Bourges,* M. Deschamps ; *Sancerre,* M. Habert.

CORRÈZE, *Ussel,* M. Rigaudie.

COTE-D'OR, *Dijon,* M. Sirot ; *Beaune,* M. Lamarosse ; *Châtillon,* M. Hézard.

COTES-DU-NORD, *S.-Brieuc,* M. Hommay ; *Guingamp,* M. Bizos.

CREUSE, *Guéret,* M. Denizet.

DORDOGNE, *Périgueux,* M. Bonnet ; *Bergerac,* M. Renouleau ; *Nontron,* M. Picaud ; *Sarlat,* M. Iragne.

DOUBS, *Besançon,* M. Guichard ; *Baume,* M. Bonnet ; *Pontarlier.* MM. Dornier et Mercier.

DROME, *Valence,* M. Daruty ; *Montelimar,* M. Agrel.

EURE, *Evreux,* M. Olivier ; *Louviers,* M. Labiche.

EAU MINÉRALE D'ALET.

ANALYSE

DES OBSERVATIONS MÉDICALES THÉORIQUES ET PRATIQUES, FAITES SUR L'EMPLOI DE CETTE EAU.

Les eaux minérales sont devenues pour la médecine actuelle un auxiliaire tellement puissant qu'on s'étonne, en présence de l'immense succès qu'elles ont su conquérir, de trouver même pour les plus célèbres et les plus utiles une origine obscure et précaire. Connues et fréquentées à l'époque romaine, elles sont plus tard tombées dans l'oubli le plus profond. Il a fallu, pour les en tirer, une nouvelle découverte qui ne s'est faite que peu à peu, et encore le mot découverte n'est-il pas exact; ce sont les eaux elles-mêmes qui ont repris le rang qu'elles avaient injustement perdu : elles se sont, pour ainsi dire, imposées aux malades et les ont forcés, en les guérissant, à proclamer les vertus qu'elles renferment.

Il en a été ainsi pour la plupart des eaux minérales, et l'eau d'Alet n'a pas échappé à la loi commune. Quelques malades, atteints d'affections réfractaires à la thérapeutique ordinaire, y ayant retrouvé la santé, d'autres, témoins de ces cures, se hâtèrent de recourir à leur tour aux bienfaisantes eaux. Les propriétaires des sources y exécutèrent successivement divers travaux qui en rendirent le séjour commode et agréable. Les médecins des environs, heureux d'avoir auprès d'eux un agent thérapeutique dont l'efficacité était mise en évidence par des guérisons tous les jours plus nombreuses, s'empressèrent d'ordonner l'eau d'Alet ; mais aucun d'eux ne s'atlacha à signaler au corps médical les bienfaits de la découverte. Ce ne fut que longtemps après, lorsque l'usage de l'eau d'Alet était déjà très-répandu et que les sources d'Alet étaient mentionnées dans des ouvrages sérieux (1), que M. le Dr Molinier de Limoux eut l'heureuse idée de tirer enfin la lumière de dessous le boisseau ; et vraiment c'était justice, à en juger par ce qu'il dit des services que l'eau d'Alet lui a rendus, à lui et à ses confrères. Son opuscule qui fut distribué dans les départements du midi, indique les excellentes propriétés thérapeutiques de l'eau d'Alet dont il s'attache aussi à vanter la variété d'action. Mais il n'y est question que des malades traités aux sources mêmes, et qui ont pris l'eau à la fois en boisson et en bains. Il n'isole pas les effets dus à l'administration interne de ceux qui sont dus à l'administration externe ; ce n'est que plus tard qu'on a pu faire ressortir les précieux avantages de l'eau prise exclusivement à l'intérieur.

« D'après l'opinion unanime des médecins et les ré-
» sultats constatés, dit cet excellent praticien, les eaux
» d'Alet guérissent toutes les maladies de la peau, les
» plaies, les fistules, certaines affections chroniques que
» laissent après elles les maladies syphilitiques. Elles
» sont spécialement propres à détruire certains désor-
» dres du système nerveux. Elles conviennent dans les
» maladies de la matrice, dans les menstruations irré-

(1) Alet, sur la rivière d'Aude, est une petite ville dans un vallon resserré entre des montagnes qu'on appelle les *Gorges d'Alet*. Cette commune renferme des bains, qui, indépendamment des remèdes qu'ils offrent contre plusieurs maladies, sont une occasion de délassement et de parties de plaisir. (*Statistique du département de l'Aude* par M. le préfet baron Trouvé.)

Les premières sources que nous examinerons sont celles d'Alet. Ce lieu possède de précieux vestiges de l'antiquité, et une voie romaine y condui-sait. On peut conjecturer qu'Alet a dû son ancienne importance aux sources salutaires qui coulent près de son enceinte. (*Statistique des départements pyrénéens*, par M. Du Rège.)

Alet, sous les Romains, était un chef-lieu de district: *Pagus Electensis*. (Malte-Brun).

» gulières et dans les vapeurs hystériques. On les con-
» seille avec succès dans les spasmes convulsifs, dans les
» rhumatismes qui revêtent le masque des névralgies,
» dans les rétentions d'urines, la gravelle, etc. Ainsi,
» ces eaux ont une large part dans la guérison des mala-
» dies ; elles ont constamment triomphé de celles de la
» peau, qui sont si nombreuses, et sous ce rapport on
» peut dire qu'elles n'ont pas de rivales dans cette par-
» tie de la France. »

Plus tard, on s'aperçut que le champ des applications
pouvait s'étendre, sinon sous le rapport de la variété
des maladies, du moins sous le rapport du nombre des
malades qu'on pouvait faire jouir du bénéfice des eaux.
Sur les résultats des analyses chimiques entreprises par
l'école des mines (1), on peut comparer les eaux d'Alet
à d'autres eaux célèbres dont de nombreux dépôts avaient
été établis à Paris et dans toutes les villes de France. La
comparaison fut toute à l'avantage des premières et on
se hâta de les mettre à la portée des malades qui ne pou-
vaient pas aller chercher la santé aux sources mêmes.

On range les eaux d'Alet parmi les eaux salines thermales et l'on peut affirmer qu'elles ne le cèdent en rien
aux plus célèbres qui rentrent dans cette classe, telles
que les eaux d'Ussat, Bourbonne-les-bains, Wisbaden,
Baden-Baden, Luxeuil, Bade, Bagnères-de-Bigorre, St-

(1) Acide sulfurique.. gr 0,020
Acide chlorhydrique...................................... 0,031
Acide carbonique.. 0,059
Acide phosphorique...................................... 0,082
Alumine.. 0,011
Chaux.. 0,101
Magnésie... 0,026
Soude.. 0,071
Potasse.. traces

Amand, Bagnols, etc. C'est ce qui faisait dire à un praticien distingué de Paris, M. le Dr Duchêne-Duparc :
« Les analyses chimiques attestent que les eaux d'Alet
» ont un degré d'activité et d'énergie incontestable, qui
» peut devenir fort utile, entre des mains habiles, dans
» un grand nombre d'affections morbides. »

Aujourd'hui que l'expérience a prononcé, que des
hommes habiles ont, dans toute la France, prescrit
avec succès l'eau d'Alet à leurs malades, ou bien comme
M. Duchêne-Duparc, lui-même, en ont personnellement
éprouvé les bons effets, aujourd'hui on sent combien
étaient justes les paroles que nous venons de citer ; mais
n'anticipons pas sur la chronologie des faits dont nous
nous occupons.

Vers la même époque, c'est-à-dire au commencement
de 1854, un de nos confrères que la mort a trop tôt ravi
à la science et aux lettres dans lesquelles il s'était créé
un nom distingué, M. le Dr Félix Meynard, frappé des
énergiques propriétés de l'eau d'Alet, s'attacha à les
étudier, et à l'aide de ses propres observations, et des
documents qui lui furent fournis par ses confrères, il
publia une petite brochure qu'on ne peut lire sans un
vif intérêt. L'auteur y conclut à la puissante action de
cette eau à *priori* et en s'appuyant sur l'analogie qui
existe entre elle et celles dont l'expérience a mis depuis
longtemps l'efficacité hors de doute. Pour corroborer
cette opinion, il cite le témoignage des auteurs dont nous
avons parlé, et indique les divers avantages de l'eau
d'Alet, « Elle a, dit-il, un caractère particulier, un
» cachet à part, un mode d'action qui lui est tout-à-fait
» spécial. » Il insiste sur sa vertu sédative. « Les pro-
» priétés éminemment sédatives de l'eau d'Alet, dit-il,
» la rendent précieuse pour dompter tous les genres
» de l'irritation nerveuse. » — Plus bas, dans une étude

comparative entre les eaux salines et les eaux sulfureuses, il dit : « Aux eaux sulfureuses appartient la
» médication par crises, par révulsion, par dérivation ;
» aux salines, à celles d'Alet surtout, reconnaissons une
» médication tempérante, altérante, sans secousses,
» sans violences, et arrivant au but rapidement quoique
» graduellement. » — Plus loin, il dit aussi : « Prises en
» boisson, leur passage est facile, elles provoquent des
» évacuations sans irriter la muqueuse intestinale, irri-
» tation très-souvent consécutive à l'emploi de certaines
» eaux salines, qui jouissent d'une très-haute réputation. »
— Malheureusement, la mort l'empêcha de recueillir
d'autres observations qui, eu égard au talent plein de
sagacité et à l'éminent savoir de l'observateur, auraient
eu pour nous scientifiquement la valeur la plus grande.

Nous allons maintenant entrer dans une nouvelle
phase. Jusqu'ici nous n'avons pu invoquer que des au-
torités particulières qui, bien qu'ayant à nos yeux la
plus grande valeur, peuvent ne pas paraître au corps
médical aussi imposantes qu'elles le paraissent à nous-
mêmes. La science n'a pas dit son dernier mot ; l'académie impériale de médecine n'a pas encore parlé. Ce ne
fut que vers la fin de 1854, que M. le Ministre de l'agri-
culture, du commerce et des travaux publics mit ce
corps savant en mesure de traiter la question et d'émet-
tre son opinion. Une analyse fut ordonnée et notre cé-
lèbre chimiste, M. Ossian Henry, en fut chargé.

En voici le résultat pour un litre d'eau :

Acide carbonique libre   quantité indéterminée.

Bicarbonate de chaux et de magnésie,   gr. 0,287

Sulfates anhydres { de chaux / de soude / de magnésie }   0,068

Chlorure de sodium. . . . . }
Sel de potasse. . . . . } 0,052

Phosphate soluble. . . . . }
 —   insoluble. . . . . . . } 0,080
Acide silicique, alumine. . . . }

Matière organique . . . . }
Indices de fer, perte . . . . . . } 0,040

Sur le rapport de M. Henry, l'académie reconnaît que les **Eaux d'Alet ne le cèdent en rien à d'autres du même genre, et se basant sur la réputation bien connue de ces eaux, elle en approuve l'emploi au point de vue de la thérapeutique.**

Dans une note insérée au rapport on trouve la déclaration suivante : « l'existence d'un phosphate dans ces » eaux est très-manifeste. » Sur cette indication une nouvelle analyse fut demandée par le gouvernement ; elle fut aite par le même chimiste, et l'académie impériale de médecine reconnut, par une seconde délibération, que « l'existence de phosphates dans l'eau d'Alet » était très-évidente et ne laissait aucun doute dans » son esprit ; qu'il était utile dès lors d'étudier ses effets, » et qu'elle en confiait le soin au médecin inspecteur. » Aussitôt que des observations auront été faites à ce point de vue soit aux sources, soit à Paris ou dans les grandes villes des départements, nous les ferons connaître au corps médical.

Dans un ouvrage récent, M. Durand-Fardel, range l'eau d'Alet parmi les eaux bicarbonatées calcaires, tandis que l'*Annuaire* les range parmi les eaux acidulées calcaires. Les deux opinions sont valables, l'eau d'Alet renfermant des principes qui les justifient l'une et l'autre.

Nous voilà donc pleinement éclairés sur la valeur thérapeutique de ces eaux ; nous pouvons marcher sans crainte de nous égarer. Leur efficacité, déjà bien connue, vient d'être proclamée par un corps savant dont les décisions en semblable matière sont considérées comme ayant force de loi. L'académie de médecine vient d'apposer son sceau de garantie sur une réputation commencée sous les meilleurs auspices. Nous avons déjà pour former la conviction du corps médical, cette bonne étude chimique dont parle M. Bouchardat, laquelle va être suivie de cette bonne étude clinique qu'indique le même auteur.

L'établissement thermal d'Alet, patroné par le gouvernement qui lui a accordé trois subventions, eut un inspecteur dont le zèle et l'expérience donnèrent et donnent encore aujourd'hui aux malades qui y sont traités les soins les mieux entendus. Il a réuni dans une brochure un certain nombre d'observations qu'il a fait précéder de quelques considérations générales sur les propriétés des eaux dont l'inspection lui est confiée. Dans cet ouvrage, la spécialité d'action de l'eau d'Alet commence à se dessiner, et l'on pourrait presque désigner les maladies auxquelles une expérience plus complète permettra plus tard d'en limiter l'application, si toutefois on peut en médecine poser à l'action d'un agent thérapeutique une limite que de nouvelles recherches ne forceront pas à franchir. En concluant, M. l'Inspecteur résume ses appréciations de la manière suivante :

« Les eaux thermales d'Alet nous ont paru avoir une » efficacité incontestable sur les maladies diverses de la

» peau, les Ophthalmies simples ou diathésiques, les
» Leuchorrées, la Chlorose, les Rhumatismes ; les mo-
» difications innombrables du système nerveux trouvent
» aussi leur remède dans ces eaux. Leur emploi varié
» selon les diverses méthodes curatives de l'hydrothé-
» rapie a eu des résultats très-heureux chez les hommes
» fatigués par des maladies ou des excès de travail
» intellectuel, à la fibre irritable et grêle ; chez les
» femmes aux nerfs inquiets et mobiles sans lésion or-
» ganique ; toutes les fois, en un mot, que le système
» nerveux fonctionne mal, qu'il vibre sous le plus léger
» ébranlement, cette excessive sensibilité diminue peu
» à peu par l'effet sédatif de ces eaux. »

Tels étaient les documents qui existaient jusqu'ici sur
l'eau d'Alet. Il était important qu'une main habile réunit
en corps tous ces éléments épars, les coordonnât, et,
contrôlant par une expérimentation sagement dirigée les
faits déjà connus, jetât sur la question une clarté plus
parfaite. L'action de l'eau d'Alet devait être précisée
davantage et circonscrite, autant que le sujet le permet,
dans ses bornes légitimes, afin d'inspirer au corps médical une juste confiance. C'est ce qu'a fait un jeune médecin plein d'avenir, M. le Dr Edouard Fournier de
Paris. Témoin d'une partie des cures opérées aux sources mêmes, il a profité de ce que des dépôts de l'eau
d'Alet venaient d'être établis à Paris pour expérimenter
cette eau dans les affections auxquelles elle paraissait
convenir. Un succès constant a couronné ses efforts, et
c'est alors qu'à l'aide de sa propre expérience, des documents que lui a fournis l'inspecteur ou qu'il a recueillis
ailleurs, il a voulu traiter la question avec plus d'étendue qu'on ne l'avait fait avant lui (1). L'ouvrage qu'il a
publié, remarquable à tous égards, a fait sensation dans
le monde médical. Les bornes que nous nous sommes
tracées ne nous permettent pas d'en donner des extraits ;

voici seulement de quelle manière l'auteur résume les résultats auxquels il est arrivé :

« L'analyse clinique nous apprend que les eaux d'Alet
» ont : 1º une action élective sur la muqueuse gastro-
» intestinale ; 2º une action éminemment sédative sur le
» système nerveux. Ces deux propriétés générales nous
» ont permis de les employer avec un succès sanctionné
» par l'expérience de tous les jours, 1º dans les conva-
» lescences des maladies aiguës ; 2º dans les dyspepsies ;
» 3º dans la migraine ; 4º dans la chlorose ; 5º dans l'état
» nerveux. »

Nous donnons plus loin les extraits des journaux de médecine qui ont payé à l'œuvre de M. Fournier leur juste tribut d'éloges. Nous ne voulons pas insister ici sur le concert des louanges publiées tant sur l'ouvrage que sur l'agent thérapeutique qu'il préconise ; qu'il nous soit seulement permis de dire que cette brochure, qui atteste chez l'auteur des études sérieuses et un savoir peu ordinaire, se distingue, en dehors de son mérite scientifique, par un ton de conviction tel qu'il exerce sur le lecteur une influence irrésistible. On se trouve entraîné à essayer l'eau minérale d'Alet dont l'auteur s'est fait l'historiographe. Un grand nombre de médecins de Paris et des départements en ont fait usage person- nellement ou bien l'ont ordonnée à leurs malades, et ja- mais le succès n'a trompé leur attente. Nous ne pouvons pas publier les nombreux documents qui en font foi, mais nous nous proposons de combler prochainement

(1) De l'emploi thérapeutique de l'eau d'Alet dans les convalescences des fièvres graves et des maladies aiguës en général, les dyspepsies, la migraine, la chlorose, et l'état nerveux, avec quelques considérations théo- riques et pratiques sur ces diverses affections, par M. le Docteur Fournier, médecin inspecteur de la société des jeunes apprentis de la ville de Paris. — 1859. — Chez Dentu, libraire.

cette lacune dans un ouvrage auquel nous donnerons de plus grandes proportions.

Les succès obtenus jusqu'ici ne se rapportent qu'aux diverses variétés des cinq affections à la guérison desquelles l'ouvrage de M. Fournier limite l'action de l'eau d'Alet. Nous avons tout lieu de croire que le champ des applications pourra s'étendre encore lorsque de nouvelles recherches nous auront édifiés sur la spécificité d'action des phosphates. Nous pouvons déjà dire que l'énergie de cette eau dépasse de beaucoup les espérances que l'analyse chimique permettait de former. Si des recherches ultérieures ne font découvrir aucun nouveau principe, l'eau d'Alet rentrera dans la classe de ce petit nombre d'eaux minérales chez lesquelles l'analyse ne fait reconnaître aucun principe d'une activité particulière, et qui cependant se distinguent par une énergie d'action que tout le monde proclame.

Mais, même sans sortir des principes salins dont l'analyse de l'académie de médecine constate la présence dans l'eau d'Alet, nous pouvons prévoir que l'action curative de cette eau pourra s'exercer sur un champ pathologique plus vaste. On sait que, d'après les rapports de l'académie impériale de médecine, la présence des phosphates dans l'eau d'Alet n'est point douteuse ; or, la science est loin d'être complètement éclairée sur le rôle que les phosphates peuvent jouer dans la thérapeutique. Personne n'ignore que notre organisme renferme des phosphates dans une très-notable proportion ; ils entrent surtout pour une grande partie dans la composition du tissu osseux : or, pourquoi n'essaierait-on pas d'agir au moyen de l'eau d'Alet dans les maladies qui s'attaquent à ce tissu ? Des expériences, il est vrai, faites dans ce sens, au moyen de phosphates préparés dans les officines pharmaceutiques, n'ont pas donné de résultats sérieux ; mais à cela nous répondrons que la supériorité de la nature sur l'art en thérapeutique comme en toutes choses est incontestable. Les solutions naturelles de principes médicamentaux sont plus parfaites et se prêtent plus facilement à l'absorption. Nous sommes tout disposé à croire que l'eau d'Alet, administrée dans les affections du tissu osseux, donnera des résultats importants.

Nous nous proposons de faire des recherches à cet égard et nous serions heureux si le corps médical voulait y concourir.

Quoiqu'il en soit, que l'eau d'Alet agisse par des principes que l'analyse n'a pas encore pu y découvrir, que la présence bien constatée des phosphates qu'elle contient permette plus tard d'élargir le champ des applications, ou que ces applications restent dans les limites que leur trace M. E. Fournier, elle n'en est pas moins un agent thérapeutique d'une énergie remarquable, d'une variété et d'une sûreté d'action qui lui assurent les succès les plus signalés.

Nous nous arrêtons ici pour céder la place à de plus habiles que nous, et nous reproduisons sans commentaires l'opinion de la presse médicale tant sur l'eau d'Alet que sur l'ouvrage qui en fait une histoire si vraie.

Dr A. PORTALIER.

EXTRAIT de la *Gazette des hôpitaux* (5 juillet 1859).
LES EAUX D'ALET (AUDE),

PAR M. LE DOCTEUR S. MOREAU.

—————

« .... Parmi les eaux minérales dont il a été question dans ces derniers temps, celles d'Alet, dont nous voulons parler aujourd'hui, méritent d'occuper une place importante.

» .... Chargé par l'Académie impériale de médecine d'en faire un examen analytique des plus détaillés, M. Ossian Henry y a découvert des quantités de soude, de magnésie et de phosphate de chaux assez considérables pour qu'on puisse espérer les doter de nouvelles applications thérapeutiques ; et, en effet, l'expérience a démontré qu'elles possédaient à la fois une action élective sur la muqueuse gastro-intestinale et une action sédative sur le système nerveux.

» Les nombreuses recherches entreprises par le docteur Fournier ont prouvé que l'on en retirait d'excellents résultats dans une série de maladies qui se rattachent les unes au autres par des analogies de symptômes, de causes ou de résultats, celles qui sont liées à un état de débilité générale, et principalement dans la convalescence des maladies aiguës et des fièvres graves, les dyspepsies, la migraine, la chlorose et l'état nerveux.

» Toutes les fois qu'après une fièvre grave, une fièvre éruptive, une inflammation du système digestif, on a besoin de réparer promptement l'organisme, tout en ménageant la susceptibilité des organes de la nutrition qui, par leur inaction prolongée ou par leur nombreuses sympathies, participent toujours à la souffrance des autres organes, l'eau d'Alet, donnée avec précaution pendant les premiers jours, rend d'immenses services et facilite l'assimilation des premiers aliments.

» S'agit-il de dyspepsies, dont le regrettable professeur Chomel a si bien étudié les manifestations, dyspepsies dont souvent la cause nous échappe, mais à l'étiologie desquelles

on parvient aussi quelquefois à remonter, soit qu'elles dépendent de préoccupations morales tristes, d'excès de travaux intel-
lectuels, soit qu'elles reconnaissent pour cause une alimentation irrégulière ou excessive, etc., l'eau d'Alet, prise en
boisson aux repas, le matin à jeûn et le soir en se couchant,
possède de précieuses qualités ; elle rend les digestions faciles
et légères, relève et stimule l'appétit. Dans ces dernières, les dyspepsies par excès, dont le meilleur remède serait la régularité
des repas et la modération dans l'alimentation, l'eau d'Alet
aide les intestins à accomplir leurs fonctions, et si elle ne
parvient pas à guérir un mal dont la cause est incessante, elle
en retardera les fâcheuses conséquences.

» Contre la migraine, qui est presque toujours le reflet d'un
état de souffrance de l'estomac, contre la chlorose, cette affection protéiforme qui, malgré les dires de certains pathologistes
exclusifs, est loin d'être toujours le résultat de la *déferrugina-
tion* du sang, mais qui dépend bien plus souvent d'une atteinte
grave portée à l'action de cette partie du systême nerveux qui
préside aux fonctions végétatives ; contre la chlorose, disons-
nous, on prescrit avec avantage l'eau d'Alet, dont l'influence
se fait bientôt sentir par la cessation des troubles nerveux et
le retour d'une santé parfaite.

» Nous ne pouvons, dans un article de ce genre, entrer
dans des détails plus circonstanciés ; ce serait sortir de notre
rôle de clinicien. A ceux qui voudront avoir des renseignements plus complets et étudier dans des observations détaillées
l'effet des eaux thermales d'Alet, nous dirons : Lisez le travail
de M. Fournier, et nous ne doutons pas que vous ne soyez
convaincus. »

EXTRAIT *du même journal* (20 août 1859).

« Dans son numéro du 5 juillet dernier, la *Gazette des
hôpitaux* a publié quelques réflexions sur les avantages que la
thérapeutique a retirés de l'emploi des eaux minérales d'Alet.
Déjà, à cette époque, j'avais eu occasion de conseiller ces
eaux dans diverses circonstances. Depuis lors, dans mes rap-

ports avec quelques confrères, qui en ont déjà fait usage, j'ai recueilli quelques observations intéressantes. Je puis donc corroborer par mon témoignage l'importance des faits signalés dans l'article de M. le docteur Moreau.

» C'est particulièrement aux dispepsies que les circonstances m'ont permis d'appliquer l'eau minérale d'Alet, et je dois dire que les résultats ont toujours été une amélioration rapide dans la santé des malades, quelle qu'ait été la cause de l'affection.

» Un de nos praticiens les plus répandus, M. le Dr P...., qui s'en est servi pour lui-même, m'écrivait dernièrement : « Les » eaux d'Alet sont précieuses pour les dyspepliques; je leur » dois des digestions parfaites. »

» M. le docteur Duchêne-Duparc vient de se soumettre à l'eau d'Alet à la suite d'une grave maladie qui a failli l'enlever à la science. Voici ce qu'il en pense : « L'eau d'Alet, au sujet » de laquelle j'ai déjà eu plusieurs fois l'occasion de me pro- » noncer favorablement, convient principalement dans certains » cas de dyspepsies et d'embarras suburral; je viens d'en cons- » tater les bons effets sur moi-même; j'en bois depuis une » huitaine de jours (4 ou 5 verres par jour), et il me reste à » peine aujourd'hui des traces d'une couche muqueuse épaisse, » suite d'angine maligne, couvrant dans l'origine toute la » surface linguale, et qui avait précédemment résisté à plu- » sieurs bouteilles d'eau de Vichy. L'eau d'Alet semble aider » à la digestion et agit comme apéritif; elle active également » les sécrétions intestinales et tient le ventre libre, sans pro- » duire toutefois un effet purgatif prononcé, toujours plus ou » moins fatiguant. «

» J'ai aussi prescrit l'usage de l'eau d'Alet dans plusieurs des affections indiquées par M. le docteur Moreau, et les effets que j'ai déjà observés me font présager que j'en obtiendrai de bons résultats.

» C'est donc décidément un nouvel agent réellement utile dont vient de s'enrichir la thérapeutique, et qui rendra de véritables services dans le traitement de ces osthénies du tube intestinal qui font si souvent le désespoir du malade et du médecin. »

D_r A. PORTALIER.

GAZETTE DES *HOPITAUX* (11 octobre 1859).

« Nancy, le 28 septembre 1859.

» Monsieur le Rédacteur,

» Ayant lu dans la *Gazette des hôpitaux* divers articles de
» MM. les docteurs Moreau et Portalier, sur les avantages que,
» la thérapeutique a retirés de l'emploi des eaux minérales
» d'Alet, j'ai pu constater sur moi-même les bons effets de
» l'usage de cette eau. Atteint depuis les grandes chaleurs des
» mois de juin et de juillet d'un embarras saburral et d'une
» dyspepsie très-prononcée qui avaient résisté à l'usage des
» eaux de Seltz et de Vichy, à deux limonades purgatives ci-
» tro-magnésiennes prises à huit jours d'intervalle, je me suis
» mis à l'usage de l'eau d'Alet, et de suite j'ai vu disparaître
» la couche muqueuse épaisse qui couvrait la surface de la
» langue, de même que cette mauvaise odeur que produit or-
» dinairement cet enduit saburral de la langue et qui est si
» pénible pour certains dyspeptiques. En même temps que
» mes digestions ont été plus faciles et moins longues, la
» constipation opiniâtre dont j'étais atteint a cédé, les selles
» se sont régularisées.

» J'ai pu ajouter à mon observation celle d'une jeune fille
» dont l'appétit avait complétement disparu sous l'influence
» des grandes chaleurs de juillet et qui s'est parfaitement bien
» trouvée de l'usage de cette eau que je lui avais prescrite.

» Recevez, etc.

» BOPPE, docteur en médecine. »

HOPITAL DE LA CHARITÉ. — M. Beau.

*Observation de dyspepsie flatulente traitée avec succès par
l'eau d'Alet. — Rétablissement rapide de l'appétit
et des forces.*

D____ âgé de trente-quatre ans, sculpteur, célibataire, né à
Paris, entre, le 3 octobre, dans le service de M. Beau, salle

Saint-Félix ; n° 2, à l'hôpital de la Charité. Cet homme, d'une taille assez élevée, d'un embonpoint médiocre, a les yeux bleus, les cheveux blonds, le teint pâle, le visage amaigri. Rien dans les antécédents héréditaires du sujet qui se rapporte à sa maladie actuelle. Il a toujours joui, jusqu'à ces derniers temps, d'une bonne santé, bien qu'il ait commis quelques excès alcooliques et vénériens. Il a eu plusieurs blennorhagies dont il s'est toujours promptement guéri. Les conditions hygiéniques dans lesquelles il a vécu jusqu'à présent ont été assez bonnes. Cependant, le malade, qui avait eu quelques chagrins, était toujours assez enclin à la tristesse. Depuis quelque temps, il s'était aperçu que ses digestions s'opéraient plus péniblement que d'habitude, lorsque, il y a quatorze mois, à la suite d'un repas copieux, il fut pris d'une violente indigestion. A partir de ce moment, les symptômes dyspepsiques se sont considérablement aggravés ; la digestion s'opérait avec une lenteur incroyable et s'accompagnait d'une production considérable de gaz. L'abdomen était ballonné après chaque repas, et il survenait un accès de dyspnée qui ne disparaissait qu'après de nombreuses éructations. Le malade qui, antérieurement à l'époque actuelle, n'est entré dans aucun hôpital, a suivi plusieurs traitements sur la nature desquels il n'a pu donner aucun renseignement précis. Il n'a éprouvé aucune amélioration et n'a pu parvenir à mitiger ses souffrances qu'en réduisant considérablement la quantité de ses aliments. Il en était arrivé à ne plus faire qu'un seul repas par jour.

Etat actuel. — Le 3 octobre, le malade est dans le décubitus dorsal, le ventre légèrement ballonné. Il éprouve une dyspnée considérable qui part de l'épigastre et remonte jusqu'à la partie supérieure de la poitrine ; elle est indépendante en ce moment du travail de la digestion, le malade n'ayant pas mangé depuis plusieurs heures.

L'auscultation et la percussion n'ont fait découvrir dans toute l'étendue de la poitrine aucun symptôme anormal. Les battements du cœur sont réguliers ; le malade n'a point de palpitation ; il existe un léger souffle anémique à la base du cœur ; dans les carotides on trouve un souffle continu de moyenne intensité ; le pouls est large, plein, un peu dépressible ; il y a 72 pulsations par minute. La langue est recouverte d'un enduit saburral , surtout à la base; anorémie complète ; soif assez intense ; le malade ingère une assez grande quantité de boissons. Il n'y a pas de sensibilité à la pression sur l'épigastre; l'abdomen ne renferme en ce moment qu'une assez faible quantité de gaz ; mais chacun des repas que fait le malade est suivi, comme nous l'avons indiqué déjà, de flatulence, d'éructations , de dyspnée et d'un malaise qui peut aller jusqu'au vomissement; il existe un peu de constipation. L'intelligence est nette, la mémoire bien conservée ; il existe un peu de nosomanie qui a pris naissance avec la maladie, Il n'y a point de troubles sensoriaux, si ce n'est une analgésie assez prononcée sur les bras et la partie supérieure du tronc On prescrit : gomme sucrée, deux bains de Baréges par semaine, une portion.

Le 10, le malade se trouve un peu amélioré, les digestions sont un peu moins pénibles; mais l'appétit est toujours nul. Il se plaint de ne pas pouvoir manger au réfectoire, parce que le tumulte et le bruit qui règnent dans cette salle lui donnent immédiatement ue accès de dyspnée. Le malade est mis à l'eau d'Alet (une bouteille par jour) ; il prendra désormais ses repas dans la salle.

Le 25, l'état du malade est considérablement amélioré ; l'appétit se développe de jour en jour ; seulement, les digestions sont assez pénibles et s'accompagnent d'une flatulence exagérée ; la dyspnée a presque complétement disparu et il n'y a plus de vomiturition; les forces reviennent, il mange en ce moment trois portions.

Le 7 novembre, le malade a quitté aujourd'hui l'hôpital dans un état satisfaisant, pour se rendre à Vincennes. L'appétit est complétement revenu ; le malade mange quatre portions; ses digestions s'opèrent avec assez de facilité ; la flatulence a presque complétemeut disparu, il n'y a plus de dyspnée gastrique ; l'analgésie a cessé d'exister ; enfin, la tristesse dont le malade était accablé s'est entièrement dissipée.

GAZETTE DES HÔPITAUX, 6 *décembre* 1859.

Extrait de la *France Médicale* (4 juin 1859).
DE L'EMPLOI THÉRAPEUTIQUE DE L'EAU D'ALET
DANS LES CONVALESCENCES DES FIÈVRES GRAVES ET DES
MALADIES AIGUES EN GÉNÉRAL ; les DYSPEPSIES, la
MIGRAINE, la CHLOROSE et l'ÉTAT NERVEUX.

« Au premier rang des agents les plus actifs de la thérapeutique, la médecine moderne a fini par replacer et avec raison, les eaux minérales, qui jouissaient d'un si grand crédit chez les anciens, et sans remonter si haut, dans le courant du siècle dernier, illustré par tant de praticiens célèbres.

» C'est qu'en effet il est peu de médicaments préparés par la main des hommes qui remplissent aussi merveilleusement les nombreuses indications pathologiques que ces eaux préparées dans des conditions qui nous échappent dans le grand laboratoire de la nature. Toutes ne jouissent pas des mêmes propriétés, et l'on se tromperait cruellement si l'on pensait pouvoir indifféremment adopter au traitement de toutes les maladies les eaux que tant de sources versent libéralement sur le sol de notre beau pays ; c'est dans le choix des eaux que se montre la sagacité du médecin, que réside le salut du malade.

» Les eaux dont nous voulons dire un mot ici sont celles d'Alet, connues depuis bien des années déjà, et auxquelles des analyses faites avec le plus grand soin par M. O. Henry, sous les yeux et d'après les ordres de l'Académie impériale de médecine, et les observations pratiques de plusieurs médecins, ont fait reconnaître de nouvelles propriétés plus étendues encore qu'on ne l'avait soupçonné jusqu'ici.

» Commençons par dire que, rangées par les uns parmi les eaux thermales bicarbonates calcaires (*Durand-Fardel*), par les autres parmi les eaux thermales acidulées calcaires (*Annuaire*), les eaux d'Alet contiennent, outre les principes déjà connus et constatés, de la soude, de la magnésie et du phosphate de chaux en quantité assez considérable pour qu'on soit désormais certain de tirer de leur usage des applications thérapeutiques non soupçonnées encore.

» Les importants travaux entrepris par le docteur Edouard Fournier, soit à Paris, soit à la source, ont prouvé que l'on n'avait pas conçu des espérances exagérées en croyant pouvoir les employer avec succès dans la plupart des affections liées, ou à une débilité générale, ou à un état nerveux; les avantages qu'elles ont présentés dans les convalescences des fièvres graves et des maladies aiguës longues, dans les dyspepsies et les troubles généraux dont elles sont le point de départ, dans la chlorose, la chloroanémie, la migraine, les états nerveux qui en dépendent, sont venus confirmer les vues théoriques, et ont rangé les sources d'Alet parmi les plus précieuses dont puisse aujourd'hui disposer la pratique.

» On conçoit que nous ne puissions passer en revue d'une manière détaillée toutes les affections dans lesquelles l'eau d'Alet rend des services; nous nous contenterons d'insister sur son efficacité dans certaines formes de dyspepsies, dont la manifestation consiste principalement dans une diminution de l'appétit, quelquefois avec céphalalgie, légère, irrégulièrement périodique, et qui sont plus particulièrement le triste apanage des hommes voués aux travaux de cabinet, ou dont l'esprit est dans un état de tension presque continuelle. Dans cette dyspepsie, à laquelle M. E. Fournier donne le nom de professionnelle, nous avons, comme notre confrère, vu l'eau d'Alet faire disparaître en quelques jours les accidents les plus importants, en rendant les digestions faciles et légères, en relevant et stimulant l'appétit.

» Il en est de même pour ces gastralgies non accompagnées de lésions organiques, et qui sont la suite d'excès de nourriture; sans prétendre faire servir l'eau d'Alet à favoriser ces excès, nous rappellerons à ceux qui nous liront qu'ils trouveront là une ressource utile pour les malades qui, sourds à tous les conseils, ne veulent pas se soumettre aux règles d'une sage hygiène.

» Dyspepsies et migraines se lient si intimement ensemble que ce que nous avons dit des premières s'applique exactement aux secondes, et cela d'autant mieux que le plus ordinairement c'est dans l'estomac que la migraine a son siège principal. Activer les fonctions du ventricule c'est exciter la circulation cérébrale et dissiper la céphalalgie singulière et particulière qui constitue la migraine.

» Reste la chlorose, que l'on sait bien aujourd'hui ne pas consister seulement dans une privation de l'élément ferrugineux dans le sang, mais qui est le résultat d'une atteinte grave portée à l'action de cette partie du systême nerveux qui préside aux fonctions végétatives. Dans la chlorose comme dans les autres états essentiels, et qu'il est impossible de rattacher à des lésions locales bien déterminées, les eaux d'Alet, nous en avons été maintes fois témoin, secondent puissamment les effets de la médication ferrugineuse, et en rendent les résultats plus prompts et plus complets.

» Nous renvoyons ceux de nos lecteurs qui voudraient de plus amples détails au curieux et instructif petit livre récemment publié par le docteur E. Fournier, dans lequel on trouvera les renseignements les plus détaillés.

Dr STANISL. JAMIN.

EXTRAIT *du même journal* (30 juillet 1859).

« Monsieur le Directeur,

» Votre numéro du 4 juin dernier contient sur l'emploi thérapeutique de l'eau minérale d'Alet un article de M. le Dr Jamin, qui fait une juste appréciation des vertus de ce nouvel agent mis à la disposition des médecins.

» Dans l'intérêt de la science, je crois devoir vous dire que j'ai fait l'application de l'eau d'Alet à toutes les affections dont parle M. le Dr Jamin, et j'en ai toujours obtenu d'excellents résultats. C'est donc avec raison que les sources d'Alet ont été rangées parmi les plus précieuses dont puisse aujourd'hui disposer la pratique.

» Plusieurs de mes confrères, dyspeptiques depuis longtemps, leur doivent des digestions parfaites ; d'autres, après les avoir expérimentées, soit sur eux, soit sur leurs malades, en ont constaté les bons effets dans les convalescences des fièvres graves et des maladies aiguës, la migraine, la débilité générale et l'état nerveux, pour me servir de l'expression de

M. le Dr Fournier; quelques-uns s'en sont servis avec avantage dans le traitement des chloroses et des anémies.

» En résumé, les observations que j'ai faites ou recueillies de la bouche de mes confrères sont venues corroborer les appréciations de M. le Dr Jamin. Permettez-moi d'en citer quelques-unes.

» Quatre médecins, MM. les docteurs P..., I...., C..., H..., ont fait usage de l'eau d'Alet, et ont retrouvé l'appétit et des digestions faciles.

» Un enfant, échappé à une fièvre typhoïde des plus intenses, a eu, grâce à l'eau d'Alet, une convalescence si rapide que sous peu de jours il a pu reprendre ses études.

» M. le Dr D..., n'ayant trouvé aucun soulagement aux suites d'une angine couenneuse par l'emploi de l'eau de Vichy, a fait usage de l'eau d'Alet, et tout embarras suburral et de la muqueuse linguale a promptement disparu.

» Plusieurs cas de gastralgie ont été par moi et par mes confrères victorieusement combattus par l'eau d'Alet; de même pour les migraines.

» Quand à l'état nerveux, je citerai entr'autres une jeune personne dont l'agitation nerveuse était telle, que plusieurs fois par jour elle amenait d'abondantes larmes. L'usage de l'eau d'Alet a profondément modifié cet état. »

» Veuillez agréer, etc.   Dr DUPUIS.

Extrait de l'*Abeille médicale* (30 mai 1859).

—

« M. le docteur Fournier vient de publier un opuscule qui résume les divers travaux de nos maîtres sur les convalescences, les dispepsies, la migraine, la chlorose et l'état nerveux, et qui exprime nettement la pensée de l'auteur sur les causes et sur le traitement de ces diverses affections morbides. La composition de l'eau minérale d'Alet a révélé au docteur Fournier un auxiliaire puissant pour combattre ces affections : li en a fait de nombreuses expériences, et toujours le résultat a répondu à son attente; c'est ce qui faisait dire à un vieux

médecin qui avait lu la brochure et bu de l'eau d'Alet : « Le
» travail du docteur Fournier est sérieux et bien fait, et l'eau
» est encore meilleure que la brochure. »

» Le traitement des convalescences des maladies graves et
aiguës est quelquefois aussi difficile que celui des maladies
elles-mêmes : ou le sujet ne peut retrouver l'appétit, ce qui le
tient dans un état de prostration dangereux ; ou les organes de
l'estomac demandent une alimentation trop abondante qu'ils
ne peuvent ensuite digérer. Dans l'un et l'autre cas, M. Fournier supprime l'emploi de toniques radicaux et administre l'eau
d'Alet ; il en obtient des résultats surprenants. « Cela tient
» probablement à ce que l'état adynamique se trouve encore
» accompagné d'une inflammation mal éteinte. Les eaux, par
» leur action tempérante ou par leur action élective sur la mu-
» queuse digestive, ont pour résultat de modérer la fièvre et de
» tempérer la chaleur perfide de la peau. L'eau d'Alet, légè-
» rement laxative, débarrasse le tube digestif, et le dispose à
» recevoir sans secousse les derniers aliments, qui, digérés
» avec facilité, réparent promptement l'organisme. »

» Il est évident que si cette eau laxative, digestive, ne produit,
ainsi que l'assure M. Fournier, ni cette constipation ni cette
inflammation intestinale qui sont souvent le résultat de l'emploi
des toniques radicaux ou des eaux trop minéralisées, la découverte est précieuse et mérite de fixer l'attention des médecins.

» Après ce que le docteur Chomel a écrit sur les dyspepsies,
M. Fournier n'avait que peu de chose à dire de nouveau. Il s'est
donc borné à retracer les symptômes de cette indisposition et
il indique l'eau d'Alet comme traitement spécifique pour les
dyspepsies stomacales et les dyspepsies intestinales. Ainsi, diminution de l'appétit ; troubles de la digestion chez les hommes
de lettres et les hommes de cabinet, dont le cerveau détourne
à son profit une grande partie des forces nécessaires à l'accom-
plissement des fonctions digestives ; excès d'aliments ; voilà les
dyspepsies auxquelles le docteur Fournier applique l'eau d'Alet,
rafraîchissant l'intestin plutôt que l'irritant.

» Nous passerons légèrement sur le paragraphe relatif à la migraine. Cette affection étant presque toujours le résultat d'un
trouble dans la digestion ou d'une excitation nerveuse, il est
évident que si l'eau d'Alet est utilement employée dans les
dyspepsies, comme nous venons de le voir, et dans l'état

nerveux comme nous le verrons tout à l'heure, M. Fournier en a naturellement tiré la conséquence qu'elle devait prévenir et combattre la migraine; or, les expériences paraissent confirmer le principe.

» L'eau d'Alet contient si peu de fer que nous avons été étonnés de la voir indiquée dans la brochure comme pouvant combattre la chlorose; à cela l'auteur répond par un passage du *Traité de thérapeutique* de MM. Trousseau et Pidoux, d'après lequel l'indication des ferrugineux, si évidente qu'elle soit, ne peut pas être toujours facilement remplie par le médecin; l'état de l'estomac, des intestins, une susceptibilité qu'il est impossible de prévoir, y peuvent mettre un grand obstacle, et dans ce cas il faut d'abord modifier l'irritabilité du canal intestinal et accoutumer l'économie à l'impression des martiaux.

« Cette vérité, dit M. Fournier, confirmée tous les jours par
» la pratique, résume pour nous les indications de l'emploi de
» l'eau d'Alet. Son action bienfaisante sur la muqueuse gastro-
» intestinale s'exerce ici comme pour les dyspepsies. La diges-
» tion devient moins difficile, moins douloureuse, et l'appétit,
» s'il était perdu ou diminué, redevient, sous son influence,
» l'organe impérieux de la réparation. »

» Le chapitre consacré par M. Fournier à *l'état nerveux* est un des plus remarquables de son livre. Il sera lu avec le plus vif intérêt par les gens du monde et par les médecins, surtout comme analyse et appréciation des causes et des effets.

« Ce n'est pas dans le cerveau, pas plus que dans les or-
» ganes des sens et dans les viscères, dit le docteur Fournier,
» qu'il faut aller chercher l'*état nerveux;* il est là et ailleurs,
» tantôt ici, tantôt plus loin. D'une nature essentiellement in-
» constante, son principal caractère est la mobilité. Il n'est pas
» moins changeant dans la forme sous laquelle il se présente
» à nous chez les différentes personnes, et à ce titre l'épithète
» de protéiforme, que lui donne M. Cerise, se trouve parfaite-
» ment justifiée.

» Dans l'état nerveux, on remarque deux séries de phéno-
» mènes bien distincts : les uns consistent dans une modifi-
» cation profonde du tempéramment moral, les autres com-
» prennent toutes les variétés de la souffrance physique. »

» L'auteur examine l'état nerveux à ces deux points de vue après avoir établi par des faits que les nuances diverses de l'impression maladive ont plutôt leur origine dans la différence des âges, du sexe et du tempéramment, que dans celles des causes morbides.

» Il passe ensuite en revue d'une manière rapide et générale les modifications qui s'opèrent dans l'organisme des névropathiques. — Les organes de la digestion reçoivent les premiers, quand ils n'en sont pas la cause, les fâcheuses influences de l'état nerveux : — l'appétit est diminué, ou perdu, ou dépravé ; — les digestions deviennent difficiles ; — la constipation accompagne généralement cet état ; — aux troubles de la digestion viennent s'ajouter les troubles de la circulation ; — le systême respiratoire est modifié ; — l'organe de la vue est, pendant l'état nerveux, le siége de nombreux phénomènes ; — l'ouïe est le siége des bourdonnements ; — l'odorat subit aussi quelques modifications. — Enfin, on peut dire qu'il n'y a rien de bizarre, d'excentrique et d'inaccoutumé qu'un systême nerveux malade ou simplement exagéré ne puisse enfanter.

» Voilà pour les effets. Quant aux causes, voici les trois principales : 1° disposition tempéramentale acquise ou originelle ; 2° anémie ou chlorose ; 3° affections morales. M. Fournier a fait l'expérience de l'eau d'Alet sur l'état nerveux provenant de ces trois origines et il affirme en avoir obtenu d'excellents résultats. Nous attendons, pour nous prononcer, que le corps médical ait tenté des expériences sur une plus grande échelle.

» En résumé, la lecture du livre dont nous nous occupons en ce moment ne peut qu'intéresser tous les médecins, et l'eau qu'il préconise deviendra un puissant auxiliaire dans beaucoup de cas, si de nouvelles expériences viennent confirmer les faits et les observations dont est rempli le livre de M. Fournier. »

EXTRAIT de la *Revue des sciences* (15 juillet 1859).
SOCIÉTÉ DES SCIENCES INDUSTRIELLES DE PARIS.
Présidence de M. le docteur BROUSSAIS.

Communication faite par M. le secrétaire général de la société, sur l'emploi thérapeutique de l'eau minérale d'Alet.

« Messieurs, le sol de la France est riche en sources minérales, et si cette richesse, justement appréciée par les Romains, a été négligée dans le moyen âge, cet âge de fer de la médecine, c'est que nos ancêtres étaient privés des communications rapides qui font aujourd'hui la gloire des nations civilisées.

» Grâce à la chimie, on a pu théoriquement constater les éléments minéralisateurs de toutes les sources thermales et minérales, et la pratique, par des observations médicales de tous les jours, a indiqué les applications de chacune de ces sources.

» L'usage de l'eau d'Alet était prescrit par les médecins de la contrée qui en obtenaient d'excellents résultats. L'Académie impériale de médecine, qui, depuis quelque temps surtout, porte une attention particulière sur l'emploi des eaux minérales, a voulu se rendre compte des cures obtenues; elle a soumis l'eau d'Alet à deux analyses successives qui ont constaté la présence dans ces eaux de bicarbonate de chaux et de magnésie, de sulfate anhydre de chaux, de soude et de magnésie, de chlorure de sodium et de sel de potasse, de phosphate soluble et insoluble, d'alumine et d'indices de fer. L'Académie a surtout insisté sur la présence des phosphates qui donnent à ces eaux un cachet particulier et étendent le champ de ses applications.

» M. le docteur E. Fournier, médecin-inspecteur de la société des jeunes apprentis de la ville de Paris, qui avait étudié l'eau aux sources mêmes, a recueilli à Paris de nombreuses observations qu'il a communiquées à ses confrères et qu'il a consignées dans un petit livre ayant pour titre : *De l'emploi thérapeutique de l'eau d'Alet dans les convalescences des fièvres graves ou maladies aiguës en général, les dyspepsies, la migraine, la chlorose et l'état nerveux, avec des considérations théoriques et pratiques sur ces diverses affections.*

» Le corps médical de Paris a voulu contrôler les assertions de M. le docteur Fournier, et les journaux de médecine ont rendu compte des expériences faites par les médecins, lesquelles ont corroboré tout ce que M. Fournier avait dit. Nous citerons seulement ici les articles de M. le docteur Moreau, dans la *Gazette des hôpitaux*, de M. le docteur Jamin dans la *France médicale,* et de M. le docteur Bossu dans l'*Abeille médicale.*

» A notre tour, messieurs, nous avons prescrit l'usage de l'eau d'Alet à ceux de nos malades qui étaient atteints d'une des affections indiquées dans le livre de M. le docteur Fournier, et nous avons recueilli diverses observations de ceux de nos confrères qui ont fait personnellement usage de cette eau.

» Un de nos malades appartenant à notre société, convalescent d'une maladie grave, a dû à l'emploi de cette eau de voir l'appétit et les forces revenir en peu de semaines.

» Le second succès que nous avons obtenu est sur un malade atteint de gastralgie; depuis qu'il fait usage de l'eau d'Alet, les besoins qui simulent la faim chez ce sujet, les tiraillements d'estomac, les défaillances, etc., disparaissent chaque jour, et nous pouvons entrevoir, dans un avenir prochain, le terme heureux de sa gastralgie.

» M. le docteur C....., tourmenté périodiquement par des migraines très-violentes, a triomphé de cette affection en faisant usage de l'eau d'Alet.

» La *France médicale* avait donc raison quand elle disait que l'on n'avait pas conçu d'espérances exagérées en croyant pouvoir employer cette eau avec succès dans la plupart des affections liées ou à une débilité générale, ou à un état nerveux ; et que les avantages qu'elles ont présentés dans les convalescences des fièvres graves et des maladies aiguës longues, dans les dyspepsies et les troubles généraux dont elles sont le point de départ, dans la chlorose, la chloroanémie, la migraine, les états nerveux qui en dépendent, sont venus confirmer les vues théoriques, et ont rangé les sources d'Alet parmi les plus précieuses dont puisse aujourd'hui disposer la pratique.

» Nous avons l'honneur de proposer à la Société de déposer honorablement l'ouvrage de M. Fournier dans ses archives.

» L'assemblée a écouté avec un intérêt soutenu cet importante communication et a adopté les conclusions de M. le secrétaire général.

» Le secrétaire-général adjoint,
» Édouard BLANC. »

COMMUNICATION SUR L'EAU MINÉRALE D'ALET.

Dépôt, rue Neuve-des-Bons-Enfants, 37, à Paris.

Dans une des dernières séances, M. le secrétaire général a lu une notice sur l'emploi de l'EAU MINÉRALE D'ALET. Ce nouvel agent, que vient de conquérir la thérapeutique, a été soumis à des expériences suivies, notamment dans les hospices de Paris, et depuis la dernière communicaiion faite à la Société, de nombreuses observations ont été recueillies par le corps médical de Paris et des départements. Quelques-unes ont été consignées dans la *Gazette des Hôpitaux*, la *France medicale*, etc.

Dans la première communication, M. le secrétaire général avait établi que, d'après les observations chimiques, l'eau minérale d'Alet avait : 1º une action élective sur la muqueuse gastro-intestinale ; 2° une action éminemment sédative sur le système nerveux ; qu'elle était apéritive, c'est-à-dire stimulant l'appétit, et digestive ; par conséquent, réparant promptement l'organisme par l'assimilation des aliments, tout en ménageant la susceptibilité des organes de la digestion.

Les médecins qui, depuis lors, ont observé l'effet de l'eau minérale d'Alet sur eux-mêmes, sur quelques membres de leur famille, ou sur d'autres malades auxquels ils en avaient prescrit l'usage, sont unanimes à reconnaître qu'elle leur a rendu d'immenses services dans le traitement : 1° de ces troubles de l'estomac et de ces affections de l'intestin dont M. le docteur Chomel a décrit les causes et les effets souvent si déplorables ; 2° des convalescences des maladies graves pendant lesquelles on ne peut retrouver l'appétit, on digère difficilement les aliments, ce qui retarde la réparation ; 3° de la migraine, soit qu'elle ait pour cause les troubles des voies digestives, soit qu'elle dépende d'une névralgie ; 4° de l'état nerveux, cette affection protéiforme qui fait le désespoir des malades et des médecins ; 5° de la débilité générale.

L'eau d'Alet est légèrement laxative et fait cesser la constipation, tout en rafraîchissant l'intestin au lieu de l'irriter, effet que produisent les purgatifs et les eaux trop minéralisées.

Elle est limpide, sans goût, ne trouble pas le vin, et on la boit sans répugnance, avec plaisir même, soit pure, soit mêlée au vin, ce qui la distingue des autres eaux et lui donne un cachet particulier.

Enfin, c'est avec raison qu'un de nos premiers médecins a appelé cette eau : LA REINE DES EAUX MINÉRALES.

« Elle convient surtout, d'après notre propre expérience, ajoute M. le secrétaire, à ces femmes aux nerfs inquiets et mobiles, si sujettes à la dyspepsie et à la migraine ; aux hommes débilités, soit par la maladie, soit par les passions et les excès ; et son emploi a les résultats les plus heureux chez les hommes sédentaires, fatigués par des excès de travail intellectuel.

» C'est donc une belle conquête pour la science médicale, et nous savons gré au propriétaire de l'eau minérale d'Alet de l'avoir mise à la portée des médecins de toutes les villes, en établissant des dépôts dans les principales pharmacies de la France. Nous proposons de lui voter des remerciements.

(*Adopté.*)

(REVUE DES SCIENCES, 30 novembre 1859.)

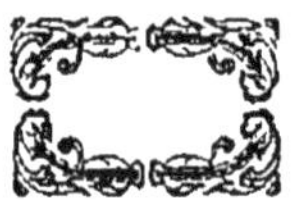

Eure-et-Loir, *Chartres*, M. Jatteau-Bouquet ; *Dreux*, M. Mauduit ; *Nogent-le-Rotrou*, M. Bienvenu.

Finistère, *Brest*, M. Augé ; *Morlaix*, M. Guégan.

Gard, *Nîmes*, M. Vidal-Delacourt, rue des Marchands, n° 7 ; *Alais*, M. Bourgogne ; *Beaucaire*, M. Dorgain ; *Uzés*, M. Blanc.

Gers, *Auch*, M. Pons ; *Lectoure*, M. Dufrêche ; *Condom*, M. Capuron.

Gironde , *Bordeaux* , M. Moure , fossés de l'intendance ; *Bazas*, M. Duvergier ; *Blaye*, M. Louveau ; *Libourne*, M. Réjou ; *La Réole*, M. Dézos.

Hautes-Alpes, *Gap*, M. Faure.

Haute-Garonne , *Toulouse* , M. Vidal-Abadie , place du Capitole ; *Saint-Gaudens*, M. Bély ; *Muret*, M. Muguet.

Haute-Vienne, *Limoges*, M. Lafont ; *Bellac*, M. Robert.

Hérault, *Montpellier*, MM. Bélugou frères ; *Béziers* , M. Sicard ; *Saint-Pons*, M. Cèbe ; *Cette*, M. Roch.

Haute-Marne, *Chaumont*, M. Richard.

Ille-et-Vilaine, *Rennes*, M. Marion ; *Fougères*, M. Perrin ; *Redon*, M. Besnier ; *S.-Malo*, M. Gicquel ; *Vitré*, M. Viel.

Indre, *Châteauroux*, M. Guillot ; *Issoudun*, M. Lecomte.

Indre-et-Loire, *Tours*, M. Gardin.

Isère, *Grenoble*, M. Martel ; *Saint-Marcellin*, M. Micha.

Jura, *Lons-le-Saulnier*, M. Chapuis ; *Poligny*, M. Bergère.

Landes, *Mont-de-Marsan*, M. Bergeron ; *Dax*, M. Denis.

Loir-et-Cher, *Blois*, M. Tulard ; *Romorantin*, M. Champion.

Loire, *Saint-Étienne*, M. Guinard ; *Montbrison*, M. Bouthier ; *Roanne*, M. Grézioux.

Haute-Loire, *Le Puy*, M. Regimbeau ; *Brioude*, M. Dauzas.

Loire-Infér., *Nantes*, M. Duchesne ; *Paimbœuf*, M. Humeau.

Loiret, *Orléans*, M. Foucher ; *Montargis*, M. Albin-Dufau.

Lot, *Cahors*, M. Duc ; *Gourdon*, M. Cabanés.

Lot-et-Garonne, *Agen*, M. Magen ; *Marmande*, M. Gardey.

Maine-et-Loire, *Angers*, M Ménière ; *Saumur*, M. Gautier ; *Baugé*, M. Jacoby.

Manche, *Saint-Lô*, M. Lecauchois ; *Cherbourg*, M. Vigne ; *Avranches*, M. Cauquelin ; *Coutances*, M. Basset.

Marne, *Châlons*, M. Cordier ; *Epernay*, M. Harlay ; *Reims*, M. Harant ; *Vitry-le-Français*, M. Callond.

Mayenne, *Laval*, M. Guiller.

Meurthe, *Nancy*, M. Martin-Barbier ; *Lunéville*, M. Vasy ; *Sarrebourg*, M. Mariatte ; *Toul*, M. Blanchard.

Meuse, *Bar-le-Duc*, M. Hutin, 48. rue des Tanneurs.

Moselle, *Metz*, M.

Morbihan, *Vannes*, M. Perrin ; *Lorient*, M. Marcille.

Nièvre, *Cosne*, M. Pinon.

Nord, *Lille*, M. Delaert-Descamps, rue Tenremonde, 54 ; *Cambrai*, M. Boiteux ; *Douai*, M. Simon-Bernard ; *Dun-*

kerque, M. Leroy ; *Hazebrouck*, M. Vandamme ; *Valenciennes*, M. Persignat.
OISE, *Beauvais*, M. Duval.
ORNE, *Alençou*, M. Bonnet ; *Mortagne*, M. Laurent.
PAS-DE-CALAIS, *Arras*, M. Riouart ; *Boulogne*, M. Geneau ; *Montreuil*, M. Binsse ; *Calais*, M Berquier.
PUY-DE-DÔME, *Clermont*, MM. Giraud et Roche ; *Issoire*, M. Fouilloux ; *Riom*, M Fortoul.
BASSES-PYRÉNÉES, *Pau*, M. Lacoste ; *Bayonne*, M. Carrière ; *Oloron*, M. Roussille.
PYRÉNÉES-ORIENTALES, *Perpignan*, M. Paulin Testory.
BAS-RHIN, *Strasbourg*, M. Bentz.
H.-RHIN, *Colmar*, M. Giorgino ; *Mulhouse*, M. Meistermann.
RHÔNE, *Lyon*, M. Cartaz, quai de la Charité, 32.
HAUTE-SAÔNE, *Vesoul*, M. Millot ; *Gray*, M. Dadant.
SAONE-ET-LOIRE, *Mâcon*, M. Voituret ; *Châlons*, M. Merle.
SARTHE, *Le Mans*, M. Mathon ; *St-Calais*, M. Guibert.
SEINE-ET-MARNE, *Melun*, M. Laurent ; *Fontainebleau*, M. Lafferand ; *Provins*, M. Bellanger ; *Coulommiers*, M. Beslier ; *Meaux*, M, Arnault.
SEINE-ET-OISE, *Versailles*, M. Rabot ; *Pontoise*, M. Lefebvre ; *Etampes*, M. Ingrand ; *St-Germain-en-Laye*, M. Bonhomme.
SEINE-INF., *Rouen*, M. Fouquet, rue des Charrettes ; le *Havre*, M. Gelée ; *Dieppe*, M. Lachambre ; *Neufchatel*, M. Lebreton.
DEUX-SÈVRES, *Niort*, M. Moreau.
SOMME, *Amiens*, M. Coutil ; *Abbeville*, M. Obert.
TARN, *Albi*, M. Latieule ; *Gaillac*, M. Rossignol ; *Lavaur*, M. Lachurié ; *Castres*, M. Rouyer.
TARN-ET-GARONNE, *Montauban*, M. Prax fils.
VAR, *Toulon*, M. Honnoraty ; *Grasse*, M. Giraud.
VAUCLUSE, *Avignon*, M. Favier ; *Apt*, M. Colignon ; *Orange*, M. Lacour.
VENDÉE, *Napoléon*, M. Guillemé ; *Fontenay*, M. Reyé.
VIENNE, *Poitiers*, M. Mauduit ; *Civray*, M. Lapeyre ; *Loudun*, M. Bernier ; *Châtellerault*, M. Deniau.
VOSGES, *Epinal*, M. Pentecote ; *St-Dié*, M. Bardy ; *Neufchâteau*, M. Martin.
YONNE, *Auxerre*, M. Poubeau ; *Sens*, M. Poumier.
ALGÉRIE, *Alger*, M. Desvignes.

NOTA. -- Toute bouteille doit avoir un cachet de cire portant cette inscription : *Eaux Salines d'Alet (Aude)*, une capsule sur laquelle on a imprimé : *Eau Minérale d'Alet*, et une étiquette bleu et or *aux Armes d'Alet*.

9 782329 094762